27.

n. 10101.

LE

MARÉCHAL BUGEAUD

CONSIDÉRÉ

COMME TACTICIEN

ET STRATÉGISTE DIDACTIQUE.

PARIS

A LA LIBRAIRIE MILITAIRE

DE

A. LENEVEU

RUE DES GRANDS-AUGUSTINS, 18, PRÈS LE PONT-NEUF

Paris. — Imprimerie de L. MARTINET, rue Mignon. 2.

LE
MARÉCHAL BUGEAUD

CONSIDÉRÉ

COMME TACTICIEN
ET STRATÉGISTE DIDACTIQUE

PAR

F. DE LA FRUSTON,

Ancien officier d'artillerie.

PARIS
LIBRAIRIE MILITAIRE DE LENEVEU,
RUE DES GRANDS-AUGUSTINS, 18

PRÈS LE PONT-NEUF.

1861

LE MARÉCHAL BUGEAUD

CONSIDÉRÉ

COMME TACTICIEN ET STRATÉGISTE DIDACTIQUE.

Le maréchal Bugeaud, tranchons le mot, le *Père* Bugeaud, nom qui, de bas en haut, s'était contagieusement répandu dans tous les rangs de notre armée, nom que nous-même ne prononçons qu'avec une vénération filiale, le maréchal Bugeaud prêche de haut par l'exemple éclatant de ses combats et de ses victoires. Il a successivement occupé tous les degrés de l'échelle hiérarchique : dans une longue carrière militaire qui commence dans les premières années du premier Empire et se termine en 1849, lieutenant, capitaine, chef de bataillon, colonel, général de brigade, général de division, maréchal de France, il n'essuya jamais, comme tel, une seule défaite. Le modèle que nous proposons à l'imitation de tous, est d'une pureté rare dans les annales de la guerre.

Toutefois, ce n'est pas comme tacticien et stratégiste pratique opérant sur un champ de bataille réel que nous le considérerons aujourd'hui : ses faits de guerre sont consignés dans l'histoire, monument plus durable que le bronze et l'airain, et vivront à jamais dans la mémoire de nos légions.

Le maréchal, ne se bornant pas, pour nous instruire, au langage synthétique de son action guerrière, nous a légué des renseignements par écrit sur l'art de la guerre : « *Instructions pratiques pour les troupes en campagne,* » et « *Aperçus sur quelques détails de la guerre, avec des planches explicatives.* »

Le premier de ces petits ouvrages renferme des considérations sur les *avant-postes,* les *reconnaissances,* la *stratégie,* la *tactique proprement dite,* l'*ordre des combats,* les *retraites,* le *passage des défilés dans les montagnes.* Le second traite de l'*enlèvement des corps détachés,* et spécialement de la *manière d'opérer pour enlever des détachements ;* il établit un *nouveau système d'avant-poste,* et s'étend en particulier sur le *service des avant-postes pour les corps détachés, et, par suite, pour les grandes armées ;* il renferme de plus un *Essai sur les reconnaissances,* une *Réponse du colonel Bugeaud* à une critique faite du système d'avant-postes dont il est l'auteur ; il établit les *principes physiques et moraux du combat d'infanterie,* et traite en particulier *du moral dans les combats ; de l'application des manœuvres d'infanterie aux combats,* c'est-à-dire *de la colonne et de sa formation en ordre de bataille, de l'ordre en bataille, de la marche en bataille* et *du changement de front ; des échelons, du passage de défilé en avant ou en retraite, des feux en avançant, du changement de direction en marchant en bataille, des carrés et du feu de chaussée.*

Le maréchal réprouve d'emblée et en bloc tous les modes et systèmes d'avant-poste pratiqués en Europe, et, en particulier, en France.

S'il était besoin de preuves de fait autres que les exemples qu'il cite à l'appui de son assertion, on les trouverait dans la campagne d'Italie de 1859. Dans cette courte guerre, les Français se trouvèrent surpris au moins deux fois principales par suite d'une mauvaise disposition de leurs avant-postes, soit bataillons, soit régiments, soit divisions, soit corps d'armée avancés.

Si, le 20 mai 1859, les Autrichiens, au lieu de faire une grande reconnaissance, eussent dirigé une attaque sérieuse sur l'aile droite française, non-seulement la division Forey, mais tout le corps du maréchal Baraguey-d'Hilliers, encore si incomplet, auraient très probablement mordu la poussière. On peut hardiment défier les partisans les plus déterminés du système d'avant-poste usuel de trouver un moyen de sauver le 1er corps, dans la supposition que nous venons de faire, supposition la seule probable et la seule conforme à une saine tactique. Ce n'est donc, en définitive, qu'à une insigne impéritie et maladresse de l'adversaire, que nous devons le brillant succès que nous avons remporté à Montebello.

A Solferino, les Français furent surpris d'une manière flagrante, et cette surprise n'a été inoffensive que parce que les Autrichiens, qui passent cependant pour savoir se garder, ont encore été plus surpris que les Français. 160,000 à 180,000 Autrichiens occupaient, dès le 23 juin, le quadrilatère compris entre la Chiese et le Mincio, sans que l'état-major français s'en doutât le 24 avant l'heure de midi. A la vue de la retraite générale effectuée par l'armée autrichienne à la suite de la bataille de Magenta, il s'imagina qu'une nouvelle bataille ne pourrait être livrée que sur les bords immédiats du Mincio ou dans l'intérieur du quadrilatère fortifié de la Vénétie : cette confiance prit les proportions d'une quiétude absolue, lorsque l'armée française, ne trouvant pas d'ennemis sur la Chiese, put en effectuer le passage sans obstacle.

Avouons-le, à notre confusion ; nos brillants succès en Italie ne sont pas dus à nous seuls ; nos adversaires nous ont prêté le flanc avec une complaisance à laquelle nous n'avions pas le droit de nous attendre, et ils ont raison de nous dire qu'ils sont de moitié dans nos victoires.

Quant à ces derniers, la surprise fût leur état normal : elle a duré au moins depuis le 20 mai jusqu'au 3 juin pour recommencer de plus belle le 24 juin.

Nous ne parlerons pas des Sardes qui, en ce jour, subirent deux surprises étourdissantes, dont la seconde eut du moins l'avantage de les dédommager de la première, celle de rencontrer les Autrichiens en avant du Mincio, et celle de les avoir vaincus.

Pourquoi les Français et les Sardes n'ont-ils pas employé en Italie, pays ami, le système des *vigilants* dont parle le maréchal Bugeaud, système qui déjoua toutes les surprises que l'armée française essaya de faire contre les troupes anglo-espagnoles pendant la guerre d'indépendance hispanique ?

Se garder de près par une chaîne continue, simple ou double, comme cela se fait communément, c'est, selon le maréchal Bugeaud, d'une part, se mettre à la merci de l'ennemi pour le *temps* et pour le *lieu* du combat, tandis qu'en bonne guerre il ne faut jamais se mettre à sa discrétion, ne jamais se laisser mener par lui, mais toujours savoir lui faire la loi ; c'est, d'autre part, s'exposer à être tourné sans y voir que du feu, et à trouver sa ligne de retraite coupée sans retour.

Se garder de loin par une chaîne continue, de manière à se garantir suffisamment contre l'occupation de la ligne de retraite, ce serait se créer d'autres difficultés et les dangers les plus graves.

Pour le faire d'une manière sérieuse, il faudrait mettre à ce service harassant de garde et de sûreté plus de la moitié de ses forces vives d'opération, qui se trouveraient affaiblies et épuisées de fatigue pour le moment décisif du combat.

Dans cette fâcheuse alternative que le système de la chaîne entraîne fatalement, quel parti prendre ? Que faire pour sortir d'un dilemme où, de quelque côté qu'on se tourne, on s'expose à être ou *surpris* ou *pris*, à être l'un et l'autre à la fois ?

C'est ce que va nous apprendre le colonel Bugeaud, dont les idées et les enseignements, fondés sur une longue et rude expérience de campagne, ne sont pas démentis par le maréchal conquérant de l'Algérie.

Mais, avant d'établir d'une manière *positive* le système d'avant-poste dont le maréchal est l'auteur, il convient de l'établir d'une manière *négative*, en faisant toucher au doigt l'extrême insuffisance de la chaîne continue réduite à elle-même et augmentée de toutes les ressources subsidiaires qu'elle comporte.

Il est acquis aux débats qu'un système d'avant-poste est défectueux et dérisoire, s'il ne réunit la quadruple condition : 1° de garantir contre les surprises; 2° de choix du *temps* et du *lieu* de combat; 3° d'exploration des mouvements plus ou moins éloignés de l'ennemi et de la nature du terrain d'opération; 4° de sûreté contre l'occupation de la ligne de retraite; car, si ce ne sont pas les avant-postes, rien au monde ne peut conjurer le danger permanent de la surprise, d'un combat intempestif, de l'enveloppement.

Or, le système d'avant-poste dont la base est la chaîne continue, ne se préoccupe que de l'éventualité de la surprise qu'elle ne conjure que dans une mesure insuffisante, elle expose sans merci le corps principal à être forcé de combattre dans des circonstances de temps et de lieu qu'il plaît à l'ennemi de choisir, à être tourné par les flancs et par le revers, à être enveloppé, coupé de la route de retraite, pris et taillé en pièces.

Pour prouver combien la chaîne est impuissante à donner une garantie sérieuse contre ces quatre éventualités qui menacent constamment de coïncider et qui se réalisent presque toujours collectivement, il suffirait d'en exposer la composition et le mécanisme.

La chaîne forme en général un cercle ou un arc plus ou moins grand dont le corps principal occupe le centre, et dont le rayon varie de 150 pas à 4 ou même 8 kilomètres, selon la force de l'unité tactique, la nature du terrain, etc. La circonférence matérielle est garnie de petits postes tellement rapprochés les uns des autres, que la moindre troupe ennemie ne pourrait la franchir sans être aussitôt aperçue et signalée. De la circonférence au centre se dirigent une foule de rayons également rapprochés et pourvus de sentinelles ou de petits postes intermédiaires.

Il est clair : 1° que les postes extérieurs, qui forment d'ordinaire le quart, le cinquième ou le sixième du corps, vu la longueur du rayon (2, 3, 4, etc., kilomètres), peuvent être enlevés sans que le corps principal se doute de l'attaque, ou ait le temps d'aller à leur secours; 2° que le chef de corps ne peut, en aucun cas, abandonner une fraction aussi importante de sa troupe à une destruction certaine : il ira donc à son secours, c'est-à-dire qu'il combattra dans un lieu et dans un temps qu'il n'aura pas lui-même choisis, et, par conséquent, dans les conditions les plus désavantageuses; 3° qu'il fournit à l'ennemi un double moyen de le tourner, de l'envelopper et de s'emparer de sa route de retraite; car, tant qu'il restera dans son cantonnement, il peut être tourné par les flancs et par les derrières, ceux-ci n'étant protégés que par la chaîne, qui n'a d'autre but que d'arrêter momentanément l'ennemi au seuil et de crier au secours; et, en abandonnant son cantonnement, il épargne à l'ennemi la moitié de la peine et du chemin pour le tourner, et augmente ainsi le danger d'être enveloppé dans la proportion de la vitesse avec laquelle il se porte en avant et de l'espace qu'il aura à franchir; 4° que la chaîne n'apprend rien ni sur la position, ni sur les mouvements de l'ennemi, ni sur le terrain en avant de son front.

Si le danger que nous venons de signaler ne sautait pas de lui-même aux yeux, les faits cités par le maréchal Bugeaud, auxquels on pourrait en ajouter des milliers d'autres, se chargeraient de dessiller les yeux les moins clairvoyants. La guerre d'Espagne de 1808 à 1814, à elle seule, fournit une centaine d'exemples dont le maréchal cité quelques-uns : celui d'un corps de 7,000 Espagnols enveloppé et pris par la division Harispe, sans que le centre pût faire aucun mouvement en leur faveur; celui d'un bataillon d'infanterie français avec un escadron de cavalerie légère, détruit par les Espagnols sans qu'il pût réussir à former un peloton; celui de forts avant-postes piémontais, à Saint-Pierre-d'Albigny, dans la vallée de l'Isère, tombés entre les mains du 14ᵉ régiment de ligne français, malgré l'activité et la vigilance la plus soutenue d'un chef d'avant-poste réputé pour ce service; celui d'un bataillon italien enveloppé et pris à San-Sadurni par le partisan Manso, bien que ce bataillon ne fût qu'à deux lieues d'une forte division cantonnée près de Villafranca; celui de toute l'infanterie de Turenne détruite à Marienthal, etc.

Afin que notre discussion réunisse toutes les conditions nécessaires pour opérer la conviction dans les esprits les plus rebelles, les plus prévenus ou les plus routiniers, établissons une induction sur une grande échelle; épuisons, s'il se peut, la liste de tous les cas et de toutes les éventualités possibles, pour ne laisser aucun refuge aux partisans de la chaîne. Aussi bien faut-il, — pour parler avec le maréchal Bugeaud,—avoir *dix fois raison* pour convaincre, quand on combat des préjugés enracinés.

Les avant-postes sont ou l'accessoire ou le principal d'un corps de troupes en campagne.

S'ils sont l'accessoire, pourquoi le corps principal va-t-il à leur secours? Pourquoi, au lieu d'attirer le corps principal dans leur orbite, ne se replient-ils pas sur leur centre et pivot? S'ils ne peuvent être sauvés que par le secours du corps principal, pourquoi les expose-t-on au danger d'être enlevés, taillés en pièces? Et si le corps principal ne va pas à leur secours, pourquoi compromettre, en principe et de parti pris, la sixième, cinquième, quatrième partie de ses forces vives?

Si les avant-postes,—qu'on nous pardonne cette supposition que l'usage de la chaîne entraîne forcément, — si les avant-postes sont le principal, pourquoi ne sont-ils pas gardés? et à quoi sert le gros de la troupe?

Partout, dans l'ordre physique comme dans l'ordre moral, l'accessoire suit le principal. Les éléments matériels des corps suivent la loi de l'attraction moléculaire, les corps placés dans la sphère atmosphérique suivent celle de l'attraction terrestre, les planètes suivent la loi de l'attraction solaire, etc. Dans l'organisation civile, les administrés recourent à l'autorité locale, les citoyens aux juges et aux tribunaux auxquels ils ressortissent, les élèves aux maîtres, les clients aux patrons, les ouvriers aux prud'hommes, etc.

Pourquoi, dans l'organisation militaire seule, la plus organique des hiérarchies, y a-t-il une exception à la loi générale ?

Il s'agit, pour la troupe gardée par la chaîne, d'éviter le combat ou de l'engager.

Dans le premier cas, le corps principal sera forcé de combattre malgré lui pour sauver ses postes avancés aux prises avec des forces supérieures; car aucun chef de troupe ne voudra, comme de raison, abandonner une partie nombreuse de ses forces à une destruction certaine. Mais dans quelles conditions désavantageuses, il combattra ou sur un terrain, ou dans un temps et dans des circonstances où il importe de ne pas combattre !

Dans le second cas, en se portant à hauteur de ses avant-postes ou en attendant l'ennemi dans son cantonnement, il n'aura été prévenu qu'au moment de l'attaque dont il sera l'objet; car le cercle de la chaîne n'a pas assez de développement pour que le diamètre soit une sécante dépassant la circonférence. Or, il importe d'être instruit du point de départ de l'ennemi, de ne pas ignorer les mouvements exécutés par lui, non à la distance puérile de 150 pas, ni à celle de 1 ou 2 lieues, mais à celle de 3, 4, 5 lieues et plus. Tout en étant prêt à accepter le combat, il court risque d'être surpris, — les faits cités par le maréchal Bugeaud le prouvent brutalement, — et il combattra avec un ennemi dont il ne connaît ni la force, ni les intentions, ni la direction réelle, ni la proportion des différentes armes, etc.

Il s'agit de garder la défensive ou il s'agit de prendre l'offensive.

Dans le premier cas, pourquoi s'exposer, de gaieté de cœur, à être forcé de prendre l'offensive?

Dans le second cas, pourquoi se prive-t-on de tout moyen sérieux de contrôler l'ennemi le plus tôt possible et à la plus grande distance possible? Pourquoi se met-on dans le cas de n'avoir pas tout son monde réuni pour le moment soudain du combat? Pourquoi s'expose-t-on témérairement à voir enlever ses avant-postes sans avoir le temps ou les moyens de les secourir? Pourquoi s'affaiblit-on du quart ou du cinquième de ses forces pour l'action décisive?

Une armée a de l'élan ou n'en a pas.

Dans le premier cas, la chaîne, avec ses sentinelles avancées, ses patrouilles ou rondes continuelles, ses piquets et ses soutiens multipliés, détermine une dissémination et une dispersion d'hommes nombreux sur un grand espace de terrain. Elle est donc un obstacle qui ralentit le mouvement de concentration et qui neutralise l'explosion opportune de la vivacité qui, d'ordinaire, n'est à son comble qu'au commencement de l'action, et qui ne peut se soutenir longtemps avec la même intensité. Si le commandant de troupe est obligé de perdre une heure ou même une demi-heure à réunir ses soldats autour de lui, le frémissement, la soif de combat aura reçu une atteinte plus ou moins grave pour le moment de l'action; car les passions violentes, les transports, les coups d'élan peuvent bien se répéter dans un espace de temps plus ou moins grand, mais ils ne peuvent ni ne doivent jamais être de longue durée.

On est cantonné dans un pays ami ou dans un pays ennemi.

Dans le 1er cas, les habitants du pays, chasseurs, contrebandiers, bûcherons, marchands ambulants, anciens militaires, etc., qui connaissent tous les êtres des lieux environnants, sont tout trouvés pour aider à éclairer la contrée au loin, pour donner des renseignements, pour occuper des points élevés d'observation et guider les patrouilles. Dans un pays ami, la chaîne continue n'a aucune raison d'être ; elle aurait la vertu collective d'empêcher les surprises, d'assurer le choix du temps et du lieu du combat, de renseigner sur la position et les mouvements de l'ennemi et d'abriter la ligne de la retraite, que le système des vigilants indigènes remplirait ces conditions dix fois plus facilement, plus sûrement et plus avantageusement.

Dans le second cas, tous les inconvénients résultant de la chaîne croissent et se multiplient dans la proportion de la haine nationale dont une armée d'invasion est l'objet, et des moyens d'observation et de vigilance qu'elle suggère ; car, là où l'on ne peut pas employer les habitants du pays comme guides et sentinelles avancés, l'ennemi peut les employer comme tels avec un avantage dont la guerre d'Espagne et celle d'Allemagne donnent un échantillon exemplaire, et, dans ce cas, la chaîne continue est une mesure puérile, radicalement impuissante à neutraliser l'immense avantage que le système des vigilants vaut à l'adversaire. Aussi a-t-on été, plus d'une fois, contraint par la force des choses, de briser avec une routine qui ne permettait pas de lutter avec l'armée anglo-espagnole.

On a affaire à un ennemi actif, entreprenant, téméraire, audacieux, fougueux, rusé, à un ennemi qui a de l'entrain et de l'élan, ou bien on a affaire à un ennemi lent, nonchalant, timide, circonspect.

Dans le premier cas, on s'offre sans rime ni raison à la gueule du loup, et il vous enlèvera à vous, commandant de corps ou de détachement, le quart, le cinquième, le sixième, etc., de vos forces par une opération vive qui vous laissera abasourdi ; car, toutes choses égales d'ailleurs, celui qui est lancé vers un objet déterminé, a un avantage incalculable sur celui qui est au repos et qui, au moment de l'alerte, a d'abord à reprendre son sang-froid pour prendre ses dispositions de mouvement dans il ne sait quelle direction.

Dans le second cas, à quoi bon une chaîne qu'il est supposé ne pas devoir aborder ? Pourquoi ne pas plutôt le rassurer sur des entreprises et des coups de main qu'il redoute, en dégageant les abords de la position, en lui inspirant une fausse sécurité, en l'invitant à se présenter à un combat qu'il cherche à éviter ?

La création et le maintien de la chaîne n'ont pour principe que la crainte de la surprise : celle-ci ne doit son existence qu'à la peur ; elle suppose donc que la défensive est le mode de combat régulier et normal, tandis qu'en bonne guerre, on ne doit agir qu'offensivement même pour se défendre : il faut constamment

2

présenter des amorces à l'ennemi, l'attirer dans sa sphère, l'appeler à soi pour l'écraser offensivement. Une troupe gardée par la chaîne a l'air d'un troupeau de moutons parqués dans une ceinture de claies, de peur que le loup ne vienne les ravir.

L'ennemi est stratégiste ou il ne l'est pas.

Dans le premier cas, la chaîne lui donne beau jeu pour explorer tout le contour extérieur et choisir à son aise, parmi l'infinité des points de la circonférence, celui qui lui paraît le plus favorable pour tomber sur le côté faible de l'adversaire.

Dans le second cas, il est absurde de fatiguer et de mettre sur les dents une grande partie d'une troupe en vue d'un péril chimérique.

L'ennemi est tacticien ou ne l'est pas. S'il est tacticien, il importe d'avoir constamment le gros de ses forces concentré et aussi complet que possible pour pouvoir agir en masse au moment imprévu du combat.

S'il n'est pas tacticien, à quoi sert la chaîne ? Dans ce cas, il est encore important de tenir toutes ses forces réunies pour l'assommer d'un seul coup.

On opère sur un terrain montagneux ou sur un terrain plat.

Dans le premier cas, la chaîne, laissant en dehors de sa sphère d'activité tout le terrain qui forme le champ d'opération de l'ennemi, fait, pour ainsi dire, collusion avec celui-ci : elle lui livre la clef de tous les débouchés, défilés, passages, vallées, plis et coupures de terrain, montagnes, éminences, bref, toutes les dé

pressions et exhaussements du théâtre des opérations.

Dans le second cas, il importe beaucoup plus d'agir
par grande masse que sur un terrain accidenté, par
la raison toute simple que l'ennemi agit par masse ;
dans ce cas, il est donc souverainement téméraire de
s'affaiblir sans compensation.

L'ennemi se garde par une chaîne ou non.

Dans le premier cas, on n'est pas dans une condition
plus avantageuse que lui : or, en bonne guerre, il faut
mettre de son côté le plus d'avantages possible de
stratégie et de tactique.

Dans le second cas, c'est-à-dire si l'ennemi se
garde d'une manière plus efficace que par la chaîne,
on se met follement à sa discrétion.

L'ennemi forme des détachements ou il n'en forme
pas.

Dans le premier cas, l'adversaire, en cherchant à les
enlever par des détachements , brise triplement le
faisceau de ses forces en présence de l'éventualité toujours menaçante d'un combat de corps principal, par
l'établissement de la chaîne dont il entoure son détachement, par l'établissement de celle qu'il met autour
de son corps principal, mais surtout par l'envoi au
loin du détachement : les cas où il peut employer
impunément son corps principal pour faire main basse
sur un détachement ennemi , sont rares et pré-
caires.

Si l'ennemi ne forme pas de détachements, c'est
qu'il n'entend agir que par masse concentrée, et, dans

ce cas, l'adversaire n'a pas trop de la totalité de ses forces réunies pour être de taille à se mesurer avec lui.

Ainsi, quelles que soient les circonstances de temps, de lieu, de sujet, d'objet, de cause, de but ou de manière, la chaîne continue telle qu'elle existe, sur quatre conditions qu'elle doit remplir sous peine de laisser à découvert le corps dont elle relève, en manque complétement trois pour ne satisfaire qu'illusoirement à la quatrième, celle de préserver de la surprise.

Les partisans de la chaîne ont beau dire que les avant-postes ne doivent jamais avoir pour mission de combattre sérieusement l'ennemi, qu'ils n'ont pour but que de retarder sa marche et de donner l'éveil au corps dont ils sont détachés ; qu'ils sont assez rapprochés les uns des autres et du corps principal pour pouvoir se replier à temps et éviter d'être enlevés, etc. , la théorie et l'expérience démentent également leurs assertions.

L'emploi de la chaîne seule, sans patrouilles, ni reconnaissances, équivaut à l'abandon du corps principal qui se trouve livré à la merci de l'ennemi : un système d'avant-postes judicieux et bien ordonné exige plus que la chaîne qui, avec ses moyens mesquins, inspire une fatale sécurité.

C'est à l'insouciance de notre front, de nos flancs et de nos derrières que nous devons nos désastres d'Allemagne de 1813, 1814 et 1815.

Qu'il nous soit permis de citer en exemple une de ces batailles, que nous n'avons perdues que faute d'un

système intelligent et bien organisé d'avant-postes,
nous voulons dire la bataille de Grossbeeren
(23 août 1813), bataille d'autant plus propre à prouver notre thèse, qu'elle ne fut, en réalité, qu'un grand
combat d'avant-postes, aussi simple dans ses phases
que grave par ses conséquences ; car elle fit perdre à
Napoléon tous les fruits de la bataille de Dresde.

A peine l'armistice qui avait suivi la bataille de
Dresde fut-il expiré, que l'armée française, commandée par le maréchal Oudinot, s'avança résolûment sur
Berlin. Elle était composée de trois corps. Le 12ᵉ, com-
mandé par Arrighi, sous la direction immédiate du
commandant en chef, était de 30 bataillons, soit
21,000 hommes ; le 7ᵉ, sous les ordres de Reynier,
était de 29 1/4 bataillons avec 13 escadrons de cavalerie, soit 23,000 hommes ; le 4ᵉ, sous les ordres de
Bertrand, était de 28 bataillons, soit 24,000 hommes.
Total de l'armée française : 87 1/4 bataillons = 61,000
hommes d'infanterie, et 111 escadrons de cavalerie
= 12,000 chevaux.

Pour couvrir sa capitale découverte, l'armée prussienne, commandée en chef par Bernadotte et composée de 4 corps, prit position derrière deux petites
rivières, la Nuthe et la Notte, pour en disputer le passage à l'armée française. Le 1ᵉʳ corps, placé sous le
commandement immédiat de Bernadotte, était composé de 18,000 Suédois ; le 2ᵉ, sous les ordres du
général de Wintzingerode, était composé de 9,000
Russes ; le 3ᵉ, sous les ordres du général de Bülow,
était composé de 40,102 Prussiens ; le 4ᵉ, sous les

ordres du général de Tauentzien, était de 30,984 Prussiens.

Total de l'armée prussienne : 100,000 hommes.

Le 21, les brigades prussiennes avancées du
3ᵉ corps, se trouvant en présence de forces supérieures, se retirèrent sur la rive opposée de la Nuthe, des
deux ruisseaux le plus approché de Berlin, pour en
occuper trois passages, celui de Thyrow, celui de
Wittstock et celui de Jühnsdorf. A cette hauteur de
la rivière, les bords étaient sur une longue étendue
tellement marécageux qu'ils étaient à peine praticables
à un homme de pied isolé, de sorte que les Français
ne pouvaient espérer atteindre l'armée ennemie qu'en
forçant les trois passages en question.

Le corps de Reynier, attaquant le passage de Wittstock par le canon, s'en rendit maître, le 22, malgré
une résistance énergique de l'ennemi.

Le passage de Thyrow était le plus facile à défendre.
Le maréchal Oudinot, craignant de faire une trop
grande perte d'hommes en l'attaquant d'emblée et de
vive force, prit provisoirement le parti de ne rien ten-
ter et de se placer en observation. Mais à peine le passage de Wittstock fut-il tombé entre les mains de
Reynier, que les Prussiens, pour ne pas s'exposer à
une double attaque simultanée de front et de flanc,
abandonnèrent celui de Thyrow à la discrétion de l'armée française.

La perte de ces deux défilés décida les Prussiens à
se retirer aussi de celui de Jühnsdorf, le plus difficile
à défendre, de sorte que, dès le 22, les Français étaient

entièrement maîtres des trois passages dont l'ennemi avait cédé deux sans les marchander.

L'armée prussienne se retira immédiatement dans la direction de Berlin, laissant entre elle et l'armée française un terrain d'environ 6 kilomètres, brisé, marécageux et partout couvert de bois et de broussailles. Cet espace était traversé par trois routes parallèles dans la direction de Berlin; mais elles avaient le défaut de ne pas se relier l'une à l'autre et de ne communiquer entre elles que par une sécante de collines en forme de dunes de 600 à 1,200 pas de large; cette transversale naturelle était à peine praticable à la cavalerie et à l'artillerie.

C'est par ces trois routes, distantes l'une de l'autre d'environ 3 kilomètres, que s'avança l'armée française en autant de colonnes séparées.

Cependant l'armée prussienne avait pris position à l'issue de cet espace boisé sur une ligne parallèle à l'armée française et comprise entre les villages de Ruhlsdorf et de Gütergotz.

Les corps avancés en première ligne étaient le corps russe, formant l'aile droite et se prolongeant jusqu'à la hauteur de Gütergotz, et le 4° corps prussien (Bülow) formant l'aile gauche et s'étendant entre Ruhlsdorf et Heinersdorf. La division Hirschfeld, placée en arrière de la Nuthe, surveillait les passages entre Potsdam et Saarmund, et la division Wobeser était en observation près de Guben. La route magistrale de Beelitz et de Treuenbrietzen était gardée par des troupes légères qui poussaient des reconnaissances jusqu'à Luckenwald.

Le terrain sur lequel cette armée se déployait, était un plateau légèrement incliné dans la direction du front français, et ouvert de tous côtés. Mais la facilité avec laquelle elle pouvait être tournée, était plus que compensée par celle de pouvoir opérer une prompte concentration, et, combinée avec le mode de marche obligé de l'armée française, elle commandait impérieusement l'offensive. De plus, le village de Ruhlsdorf, position aussi solide que facile à défendre, était en face du centre prussien et sous sa ligne de feu principale; de ce point, on pouvait commodément se précipiter en masse sur celle des colonnes françaises qui déboucherait la première de la forêt, et l'anéantir isolément.

Le 23 au matin, le 4ᵉ corps français (Bertrand), débouchant en trois colonnes du bois par la route de Jühnsdorf, attaqua le 4ᵉ corps prussien (Tauentzien) en ouvrant, dans les intervalles des colonnes, un feu meurtrier d'artillerie contre les Prussiens rangés en bataille à Blankenfeld. S'étant assuré que les Prussiens, qui lui répondaient par six bouches à feu, opposeraient une résistance énergique, le général Bertrand se retira, mollement poursuivi par les Prussiens, sans avoir fait autre chose que brûler de la poudre.

Cette retraite était prudente; car une demi-heure plus tard, l'ennemi l'aurait écrasé par plus de dix-huit bouches, la position des trois colonnes françaises étant telle que le canon prussien les prenait en pleine poitrine et sur toute leur profondeur.

Au bruit du canon de Blankenfeld, le 3ᵉ corps prussien (Bülow) se mit en mouvement pour aller au secours du 4ᵉ; mais le canon ayant cessé de résonner, il revint sur ses pas et prit position en avant de Heinersdorf sur un plateau peu élevé, faisant occuper par son avant-garde le village de *Grossbeeren*, situé en avant de sa ligne de front.

Le village de Grossbeeren est bâti sur un plateau d'une élévation modérée, entre lequel et Heinersdorf le terrain présente une surface concave de déclivité sensible à la marche; les deux versants opposés sont, à leur naissance, fortement inclinés l'un contre l'autre, de manière à être situés sur une même ligne sensiblement horizontale. En avant de Grossbeeren sur le front français s'étend un terrain marécageux, interposé entre Kleinbeeren et la route de Berlin, et impraticable partout ailleurs qu'à la hauteur de Grossbeeren.

Le 7ᵉ corps français (Reynier), débouchant par la route qui va de Wittstock par Grossbeeren à Berlin, attaqua vers quatre heures du soir l'avant-garde du 3ᵉ corps prussien. Les Prussiens se défendirent avec un grand courage; mais, tout à la fois assaillis par les Français et menacés d'être brûlés par l'incendie du village qu'ils défendaient, ils se hâtèrent de se replier sur leur corps dans la direction de Heinersdorf.

Le 12ᵉ corps français (Arrighi) avec la cavalerie, débouchant par la route de Thyrow, se dirigea sans

obstacle vers les villages d'Ahrensdorf et de Sputen-
dorf.

Après avoir ainsi chassé devant lui l'avant-garde
du 3ᵉ corps prussien, le 7ᵉ corps français prit une position développée entre Grossbeeren et Neubeeren,
ignorant complétement le corps prussien stationné à
Heinersdorf, et faisant totalement abstraction des
troupes ennemies avancées qui venaient de se retirer
devant lui.

Le général de Bülow, à la vue de l'incurie des Français qui agissaient avec la même sécurité que s'il n'y
avait pas d'ennemis en présence et que l'attaque ne
fût pas possible dans la circonstance, résolut, contrai-
rement à l'ordre du général en chef qui lui avait pre-
scrit de se porter dans la direction de Berlin jusqu'à
la hauteur de Weinsberg, de ne pas manquer une si
bonne occasion.

Après avoir envoyé la brigade Borstell à Kleinbeeren
avec mission de soutenir énergiquement son action, il
attaqua les Français par le feu simultané de 48 pièces
d'artillerie qui, à 300 pas en avant de sa ligne de front,
formaient une gigantesque batterie.

Cette formidable artillerie qui n'était presque composée que de pièces de 12, et qui, malgré une distance de 1800 pas, faisait tomber des rangs français
tout entiers — c'étaient des Saxons, nos plus fidèles
alliés, — permit à l'armée prussienne, artillerie et infanterie, à raison de la priorité de temps qui lui était ac-
quise, de s'avancer graduellement et de gagner à cha-
que minute du terrain, malgré le feu nourri [d'un

nombre à peu près égal de pièces françaises qui vinrent peu à peu répondre à l'artillerie prusienne. Gardant toujours la distance de 300 pas en avant de sa première ligne de bataille, l'artillerie ennemie était successivement arrivée à 1100 pas de la première ligne française, lorsqu'elle reçut un accroissement de 16 nouvelles bouches à feu, de sorte qu'alors 64 pièces s'avançaient incessamment en échelons. Le feu français ne prévalut un moment que contre l'aile droite ennemie. Les Prussiens avaient très habilement dressé une batterie à cheval sur le flanc gauche français, mais ils en perdirent bientôt quatre pièces.

A peine cet avantage fut-il acquis aux Français, que la batterie prussienne reçut le renfort d'une batterie suédoise qui paralysa tous les efforts ultérieurs des Français.

Pendant que le centre et l'aile gauche français luttaient ainsi à outrance sans gagner, mais aussi sans perdre un pouce de terrain, le général Borstell, traversant le village de Kleinbeeren, fit un quart de conversion à droite et attaqua à son tour l'aile droite du 7ᵉ corps français. Deux batteries prussiennes attaquèrent subitement le village. Une forte colonne française, soutenue d'une batterie, en sortit pour s'avancer contre l'ennemi : elle est obligée de battre en retraite sous un feu meurtrier. Ce mouvement permet à la brigade ennemie de tourner l'aile droite française et de renouveler avec plus d'intensité l'attaque sur Grossbeeren.

A ces enseignes, le général Reynier s'inquiète justement de sa ligne de retraite et ralentit son feu.

C'est à ce moment que le général de Bülow, après avoir fait canonner la position française pendant plus de deux heures par 82 pièces, ordonna une attaque générale à la baïonnette. Cette attaque de front, combinée avec celle de flanc, amena la prise du village de Grossbeeren, et décida le combat en faveur des Prussiens.

Le corps de Reynier, séparé des autres corps qui ne purent pas venir à son secours, abandonna la position et se retira par la route de Wittstock, par laquelle il était venu. Les Prussiens le poursuivirent et lui firent encore subir des pertes cruelles : la nuit seule mit fin au combat.

Une division de cavalerie française, au bruit du canon, avait voulu se porter au secours du 7e corps. Elle n'arriva qu'après l'attaque à la baïonnette, et prit position sur deux lignes à la lisière de la forêt. Attaquée à l'improviste et dans l'obscurité de la nuit par un régiment de hussards de la garde prussienne, elle s'éloigna précipitamment.

Le corps de Reynier, composé de deux divisions saxonnes, perdit 28 officiers et 2,069 soldats, 14 canons, 52 fourgons chargés de munitions, etc., etc.

Mais ces pertes matérielles, quelque grandes qu'elles soient, ne sont rien en comparaison des pertes morales que nous fîmes en ce jour.

Par la bataille de Dresde, gagnée sur l'armée combinée des Autrichiens, des Russes et des Prussiens, l'Europe était à nos pieds, l'Allemagne reconquise, et le prestige rendu à nos armes.

Le combat de Grossbeeren, gagné sur un seul corps français, fit que la bataille de Dresde fut comme non avenue ; elle consolida la coalition contre nous, découvrit notre côté faible, et apprit à nos ennemis à nous vaincre.

Cependant l'armée française, ni avant ni après s'être engagée, en trois colonnes distantes, dans les défilés de la forêt marécageuse de Grossbeeren, ne s'était dispensée de faire largement usage de ce qu'on est convenu d'appeler chaîne d'avant-poste, avec tout son attirail usuel et obligé d'expédients à courte portée ; mais ce qui lui manquait absolument, c'était un système de reconnaissance au loin.

Nous livrons le fait du combat que nous venons d'esquisser, aux réflexions sérieuses de tous nos officiers, et nous demandons à tout militaire instruit, si, avec le système d'avant-poste modifié tel qu'il existe aujourd'hui, il aurait été possible de s'orienter suffisamment sur la position et la force de l'armée prussienne.

APERÇUS SUR QUELQUES DÉTAILS DE LA GUERRE

AVEC DES PLANCHES EXPLICATIVES

Par M. le Maréchal BUGEAUD, duc d'Isly,

Avec des notes par un général de division de l'armée d'Italie de 1859.

QUATRIÈME ÉDITION

LES PRÉCÉDENTES IMPRIMÉES

Par ordre et aux frais de S. A. R. le duc d'Orléans

1864. — In-18. — Prix : 3 francs.

MAXIMES
CONSEILS ET INSTRUCTIONS
SUR L'ART DE LA GUERRE
OU
AIDE-MÉMOIRE POUR LA PRATIQUE DE LA GUERRE
A L'USAGE DES MILITAIRES DE TOUTES ARMES ET DE TOUS PAYS

D'après un manuscrit rédigé en 1815, par un général d'alors, et revu, en 1855, pour être mis en harmonie avec les connaissances et l'organisation du jour.

1 volume format de poche, avec 15 planches. — 3 fr.

LL. EE. les Maréchaux de France SAINT-ARNAUD, BARAGUEY-D'HILLIERS, DE CASTELLANE, MAGNAN, PÉLISSIER, DUC DE MALAKOFF, RANDON, CANROBERT, BOSQUET, MAC-MAHON, DUC DE MAGENTA, REGNAULT DE SAINT-JEAN D'ANGÉLY, NIEL, m'ont honoré de lettres de chaleureuses félicitations.

« *Ce livre figurera dignement dans une bibliothèque militaire ; je suis heureux* « *de pouvoir en donner l'assurance.*

« *Le Maréchal commandant en chef l'armée de l'Est.* Signé MAGNAN. »

TABLE DES MATIÈRES. — Principes généraux. — Avant le départ. — Marches loin de l'ennemi. — Marches près de l'ennemi. — Guides. — Eclaireurs et flanqueurs. — Détachements placés sur les flancs d'une colonne. — Arrière-garde. — Bivouacs. — Avant-postes. — Grand'gardes. — Etablissement des grand'gardes. — Emplacement de nuit. — Sentinelles et vedettes. — Des rondes. — Des patrouilles. — Des découvertes. — Reconnaissances offensives. — Des espions. — Des indices. — Parlementaires. — Des détachements. — Des partisans. — Des fourrages. — Des Convois. — De l'offensive. — De la défensive. — Manœuvres. — Evolutions. — Bataille. — Ordres de bataille. — Combat. — Emploi de l'infanterie. — Emploi de la cavalerie. — Règles particulières pour le combat de cavalerie. — Contre-cavalerie en ligne ou en colonne. — Cavalerie contre infanterie. — Cavalerie contre artillerie. — Emploi de l'artillerie. — Armes de main. — Des corps de réserve. — Des retraites. — Des subsistances. — Table des officiers en campagne. — Des bagages. — Du droit des gens et des usages de la guerre. — Guérillas ou guerre de partisans.

Environ cent sommités militaires, généraux des plus distingués par leur savoir et leur expérience, ont apprécié le livre ainsi :

ÉCOLE
IMPÉRIALE SPÉCIALE
MILITAIRE.
—
Cabinet du Général Commandant.
—

Saint-Cyr, le 10 avril 1856,

MONSIEUR LENEVEU,

J'ai lu avec le plus vif intérêt le recueil des *Maximes, Conseils et Instructions sur l'art de la guerre,* répertoire universel des connaissances militaires, et que je considère comme le meilleur guide pratique pour les officiers de tous grades. Je le recommanderai aux élèves comme devant leur être de la plus grande utilité pendant toute leur carrière.

Recevez, etc.

Signé : Le général comte de MONET,
Commandant l'école impériale militaire de Saint-Cyr.

Extrait du Compte-Rendu du SPECTATEUR MILITAIRE,
du 15 *septembre* 1855.

Un bon livre est une chose si rare, que lorsqu'on le trouve, on doit se hâter d'en faire part à ses amis. C'est ce que nous nous empressons de faire aujourd'hui, en signalant à l'attention de l'armée un volume, format de poche, véritable livre d'or, qui a le grand mérite de convenir aux militaires de tous grades; le jeune officier y trouvera de bons conseils et le général d'excellents préceptes.

Nous regrettons infiniment que notre cadre ne nous permette pas d'en donner des citations; l'ouvrage est tellement parfait dans son petit volume, qu'il eût fallu tout reproduire. Ce résumé est appelé à un succès remarquable, parce que l'auteur a su grouper, dans un volume format portefeuille, tout ce qu'on peut dire de sérieux et de vrai, depuis ce qui concerne la pose d'une vedette jusqu'à l'emploi des différentes armes sur le terrain.

Les *Maximes* s'adressent à tous, au plus simple officier comme au général. Ce n'est pas de la science, c'est plutôt de la logique et du bon-sens. Les préceptes de ce livre sont nets et concis; il écarte le vague et les généralités qui sont le défaut de presque tous les traités analogues. Un cachet particulier qui le distingue est qu'il indique catégoriquement ce qu'il faut éviter, et c'est un point essentiel, car si on sait bien ce dont il importe de s'abstenir, on trouvera facilement ce qu'il y a à faire. Toutefois, il ne procède pas uniquement par voie d'exclusion et pour une foule de circonstances, il trace positivement la conduite à tenir. Résumant les leçons de tous les maîtres, indiquant ce qui a été reconnu bon ou mauvais, soit par le raisonnement, soit par la pratique, il met de suite celui qui l'a lu avec fruit en état de se tirer d'affaire en toute occasion, pourvu qu'il ait un jugement sain et qu'il sache distinguer l'analogie du cas où il se trouve avec ceux qu'il a étudiés.

Nous sommes heureux d'être un des premiers à signaler ce livre à l'attention de nos lecteurs, et nous sommes persuadé que, malgré tout ce que nous avons pu dire de flatteur, nous sommes resté fort au-dessous des éloges qu'il mérite; nous n'hésitons pas à le proclamer l'un des meilleurs.

INSTRUCTIONS PRATIQUES
DU MARÉCHAL BUGEAUD
DUC D'ISLY
POUR LES TROUPES EN CAMPAGNE

AVANT-POSTES, — RECONNAISSANCES,
— STRATÉGIE, TACTIQUE, — DE L'ORDRE DES COMBATS, — RETRAITES, —
PASSAGE DES DÉFILÉS DANS LES MONTAGNES.

CAMPS. — BIVOUACS.

AVEC TROIS PLANCHES EXPLICATIVES.
Un vol. in-18, 1854. — Prix : 3 fr.

Ouvrage inédit en Europe, imprimé par l'imprimerie du gouvernement en Afrique. Le maréchal Bugeaud en avait donné peu d'exemplaires à ses amis. Ce grand capitaine, taillé à l'antique, et doué par la nature des plus éminentes qualités, était né homme de guerre ; placé de plus, dès sa jeunesse, dans des circonstances difficiles, il avait pu mûrir et éprouver les excellents préceptes qu'il exposait, avec cette lucidité particulière à son esprit. Basant sur eux ses opérations grandes ou petites, il les vit toujours réussir ; jamais il ne fut battu.

Ce sont les leçons d'art militaire de cet homme célèbre que nous publions. Qu'on n'aille pas dire que ses succès furent l'effet du hasard et de la fortune ; il ne les dut qu'à ses hautes conceptions, toujours basées sur les vrais principes. Il n'est certes pas donné à tout le monde d'égaler les grands généraux ; mais en étudiant avec soin les méthodes et les moyens qu'ils employaient et, profitant de leur expérience, on peut conquérir au-dessous d'eux un rang honorable en même temps qu'on se rend capable de mieux servir son pays. S'il est des règles que peuvent modifier les lieux, les armes, la nature des hommes et des choses, il en est d'autres qui sont immuables ; ce sont particulièrement ces dernières qu'enseignait le maréchal Bugeaud.

Voici un court extrait de l'ouvrage du duc d'Isly.

Quand on essaie de poser un principe sur la guerre, aussitôt un grand nombre d'officiers, croyant résoudre la question, s'écrient :

« Tout dépend des circonstances ; comme vient le vent, il faut mettre la voile. » Mais si, d'avance, vous ne savez pas quelle est la voile qui convient pour tel ou tel vent, comment mettrez-vous la voile selon le vent ?

Ces observations trop habituelles doivent nous faire penser que ces militaires jugent impossible, et peut-être même dangereux, de poser des principes. Essayons de détruire cette erreur, etc., etc., etc.

MARÉCHAL BUGEAUD, DUC D'ISLY.

CES OUVRAGES
sont la propriété du libraire A. LE ÉVEU,
Rue des Grands-Augustins, 18, près le Pont-Neuf, à Paris.